ISBN 978-3-662-23849-3   ISBN 978-3-662-25952-8 (eBook)
DOI 10.1007/978-3-662-25952-8

Die in den Sitzungsberichten Abt. I und Abt. II der math.-nat. Klasse der Österr. Akad. d. Wiss. erscheinenden Abhandlungen werden auch einzeln abgegeben. Sie können durch jede Buchhandlung oder direkt durch die Auslieferungsstelle der Österreichischen Akademie der Wissenschaften (Wien I, Singerstraße 12) bezogen werden.

Nachfolgende Abhandlungen aus den Fächern **Mathematik** und **Technik** sind erschienen:

1950 (1950) (S II a, Bd. 159):

Hohenberg F.: Zur Geometrie des Funkmeßbildes (mit 2 Abbildungen). 14 Seiten. S 12.40
Jarosch W.: Matrizenbänder, 14 Seiten. S 5.20
Schmid H.: Fehlertheorie der gegenseitigen Orientierung von Luftbildern und Zugrundelegung eines Orientierungspunktgitters (mit 13 Abbildungen), 31 Seiten. S 28.40

1951 (S II a, Bd. 160):

Hohenberg F.: Komplexe Erweiterung der gewöhnlichen Schraubenlinie (mit 1 Abbildung), 14 Seiten. S 7.80
Huber A.: Das Verhalten der Integrale der Gibbs-Duhem-Margules'schen Gleichung für binäre Gemische in der Umgebung ihrer festen singulären Stellen (mit 3 Abbildungen), 16 Seiten. S 10.50
Krames J.: Zur Geometrie der gegenseitigen Einpassung von Luftaufnahmen (mit 4 Abbildungen), 15 Seiten. S 7.--
Parkus H.: Wärmespannungen in Rotationsschalen mit drehsymmetrischer Temperaturverteilung (mit 1 Abbildung), 13 Seiten. S 7.50
Ströher W.: Zur projektiven Differentialgeometrie ebener Kurven, 8 Seiten. S 6.—
Wunderlich W.: Zur Differenzengeometrie der Flächen konstanter negativer Krümmung (mit 8 Abbildungen), 38 Seiten. S 16.—

1952 (S II a, Bd. 161):

Federhofer K.: Über die Eigenschwingungen der Kreiszylinderschale mit veränderlicher Wandstärke. 16 Seiten. S 14.80

1953 (S II a, Bd. 162):

Nöbauer W.: Über Gruppen von Restklassen nach Restpolynomidealen. S 19.40
Vietoris L.: Der Richtungsfehler einer durch das Adamssche Interpolationsverfahren gewonnenen Näherungslösung einer Gleichung $y' = f(x, y)$. S 8.80
Vietoris L.: Der Richtungsfehler einer durch das Adamssche Interpolationsverfahren gewonnenen Näherungslösung eines Systems von Gleichungen $y' = f_k(x, y_1, y_2 \ldots y_m)$. S 8.80
Wunderlich W.: Über die ebenen Loxodromen (mit 2 Abbildungen). S 6.30

1954 (S II, Bd. 163):

Federhofer K.: Die durch pulsierende Axialkräfte gedrückte Kreiszylinderschale. S 13.40
Raher W. und Selig F.: Die Verwendung der Motorsymbolik in der theoretischen Mechanik. S 17.80

1955 (S IIa, Bd. 164):

Federhofer K.: Zur Kinematik des Schleifkurvengetriebes (mit 5 Abbildungen). S 11.—
Ströher W.: Über einen gewissen Typus von Differentialinvarianten der projektiven und der apollonischen Gruppe der Ebene. S 28.40
Wunderlich W.: Doppelloxodromen mit schneidendem Achsenpaar (mit 6 Abbildungen). S 22.50

Eine Kennzeichnung der zwei-dimensionalen elliptischen Geometrie

Von

Paul Funk (Wien)

(Vorgelegt in der Sitzung vom 27. Juni 1963)

1. Einleitung

In einer früheren Arbeit über zweidimensionale Finslersche Räume [1] habe ich die Frage beantwortet, wie jene Räume gekennzeichnet werden können, bei denen folgende Forderungen erfüllt sind:

I. **die kürzesten Linien zwischen zwei Punkten seien durch lineare Gleichungen darstellbar;**

II. **das Krümmungsmaß sei eine positive Konstante.**

Wir wiederholen, in etwas modifizierter Darstellung, zunächst jene Ergebnisse dieser früheren Arbeit, an die unsere weiteren Betrachtungen anknüpfen werden.

Der Finslerschen Geometrie liegt die Maßbestimmung für die Länge einer Kurve $y = y(x)$ in der Form:

$$s - s_0 = \int_{x_0}^{x} f[x, y(x), y'(x)] \, dx \tag{1}$$

zugrunde bzw. wenn die Kurve in der Parameterdarstellung $x = x(t)$, $y = y(t)$ gegeben ist, in der Form:

$$s - s_0 = \int_{t_0}^{t} F[x(t), y(t), \dot{x}(t), \dot{y}(t)] \, dt; \tag{1'}$$

dabei ist F eine positiv homogene Funktion erster Ordnung in $\dot{x}$, $\dot{y}$. Zweimal stetige Differenzierbarkeit nach den Argumenten wird bei f bzw. F stets vorausgesetzt.

Gemäß der Forderung I sollen die Extremalen des zu (1) gehörenden Variationsproblems die Gestalt:

$$y = ax + b \qquad (2)$$

haben, also der Differentialgleichung

$$y'' = 0 \qquad (3)$$

genügen. Die Maßbestimmung ergibt sich damit gemäß der Forderung II, wenn die positive Konstante des Krümmungsmaßes gleich $1/R$ gesetzt wird, unmittelbar aus der für das Krümmungsmaß gültigen Formel [2]:

$$[l, s] = 2 \cdot \frac{1}{R^2}. \qquad (4)$$

Die linke Seite dieser Gleichung ist der sogenannte Schwarzsche Differentialausdruck:

$$\tfrac{1}{2}\,[l, s] = - \frac{\dfrac{d^2}{ds^2}\left(\dfrac{dl}{ds}\right)^{-\tfrac{1}{2}}}{\left(\dfrac{dl}{ds}\right)^{-\tfrac{1}{2}}}$$

und l ein Quotient zweier voneinander unabhängiger Lösungen der zu einer Extremalen zugehörigen Jacobischen Differentialgleichung. Da die Extremalen sämtlich Gerade sein sollen, sind auch die Lösungen der Jacobischen Differentialgleichung lineare Funktionen von x. Für l können wir in unserem Fall daher setzen:

$$l = \frac{x}{1} = x. \qquad (5)$$

Integration von (4) ergibt, unter Berücksichtigung von (5) somit:

$$s - s_0 = R \operatorname{arctg} \frac{x - \xi}{u} = R \operatorname{arctg} \frac{y - \eta}{v}; \qquad (6)$$

s_0, ξ und u bzw. η und v sind Integrationskonstante, die naturgemäß von der zugrunde gelegten Extremalen, also von a und b abhängen.

Eine Kennzeichnung der zweidimensionalen elliptischen Geometrie 253

Also
$$\xi = \xi(a, b), \quad \eta = \eta(a, b) = a\,\xi + b$$
$$u = u(a, b), \quad v = v(a, b) = a\,u. \tag{7}$$

Aus der ersten Gleichung (6) folgt durch Differentiation nach x

$$f(x, y, y') = \frac{u}{(x-\xi)^2 + u^2}. \tag{8}$$

Für $x = \xi$ erhält man:

$$f = \frac{1}{u}.$$

Wir wollen auf einer Geraden (2) den durch $x = \xi$, $y = \eta$ gekennzeichneten Punkt als ihren „Zentralpunkt M" bezeichnen. Wenn für einen Punkt $M_0(x_0, y_0)$, wobei $x_0 = \xi$ alle durch ihn hindurchgehenden Geraden in M_0 ihren Zentralpunkt haben, so wollen wir diesen Punkt als „universellen Zentralpunkt" bezeichnen.

Für die Carathéodorysche Indikatrix ergibt sich für einen universellen Zentralpunkt mit:

$$\dot{x} = r\cos\vartheta, \quad \dot{y} = r\sin\vartheta,$$

$$r = \sqrt{\dot{x}^2 + \dot{y}^2},\ \cos\vartheta = \frac{\dot{x}}{\sqrt{\dot{x}^2+\dot{y}^2}} = \frac{u}{\sqrt{u^2+v^2}},\ \sin\vartheta = \frac{\dot{y}}{\sqrt{\dot{x}^2+\dot{y}^2}} = \frac{v}{\sqrt{u^2+v^2}}$$

$$F(x_0, y_0, \dot{x}, \dot{y}) = f\,\dot{x} = f\,r\cos\vartheta = 1,$$

wobei ϑ die Richtung des Linienelements einer Extremalen ist. Somit also:

$$r = \frac{1}{f\cos\vartheta} = \frac{u\sqrt{u^2+v^2}}{u} = \sqrt{u^2+v^2} \tag{9}$$

wobei:
$$u = u(\vartheta)$$
$$v = v(\vartheta).$$

In meiner früheren Arbeit bin ich, so wie hier, vom inhomogenen Problem ausgegangen, so daß zunächst nur über die Geraden (2), die mit der positiven x-Achse einen Winkel $< \pi/2$ einschließen, etwas ausgesagt wurde. Das Ergebnis ist aber vom Koordinatensystem unabhängig und ist damit allgemein gültig. Derartige Überlegungen würden sich aber erübrigen, wenn wir von der homogenen Darstellung (1') ausgegangen wären. Damit würde sich der Integrand in (1') zu

$$F(x, y, \dot{x}, \dot{y}) = R \frac{d}{dt} \operatorname{arctg} \frac{\sqrt{(x-\xi)^2 + (y-\eta)^2}}{\sqrt{u^2 + v^2}} \tag{8'}$$

ergeben. Dabei ist die Differentiation nach t längs der Extremalen auszuführen.

Da die Extremalen (3) erfüllen, ergibt sich aus der Eulerschen Differentialgleichung, daß

$$f = \frac{ds}{dx}$$

der Differentialgleichung:

$$f'_{y'y} y' + f'_{y'x} - f_y = 0 \tag{10}$$

genügen muß. Führen wir durch

$$y = ax + b, \quad y' = a$$

statt der unabhängigen Veränderlichen x, y, y' die unabhängigen Veränderlichen x, a, b ein, so erhalten wir mit

$$f(x, y, y') \equiv f^*(x, a, b)$$

für (10):

$$f^*_{ax} - f^*_{bx} x - 2 f^*_b = 0. \tag{10'}$$

Die Formel (8) legt unmittelbar nahe, die komplexe Veränderliche:

$$z = \xi + iu \tag{11}$$

einzuführen, womit man für f die Darstellung:

$$f = I \frac{1}{x - z} \tag{12}$$

(I: Imaginärteil) erhält. Damit ergibt sich aus (10):

$$I \frac{2(z_b z - z_a)}{(x - z)^3} = 0. \tag{13}$$

Es ist also[1])
$$\frac{\partial \tfrac12 z^2}{\partial b} = \frac{\partial z}{\partial a}$$

und daraus folgt, daß

$$\tfrac12 z^2 \, da + z \, db \qquad (14)$$

ein Paar vollständiger Differentiale bildet. Subtrahiert man von (14) das Paar vollständiger Differentiale

$$d(\tfrac12 a z^2 + b z) = \tfrac12 z^2 \, da + z \, db + a z \, dz + b \, dz$$

so sieht man, daß auch

$$(a z + b)\, dz = (a \xi + b + i a u)\, dz = (\eta + i v)\, dz \qquad (15)$$

ein Paar vollständiger Differentiale ist. Setzen wir:

$$\eta + i v = a z + b = a \xi (a, b) + b + i a u (a, b) = w \qquad (16)$$

so ergibt sich aus der Umkehrung des Cauchyschen Integralsatzes, daß

$$w = w(z) \qquad (17)$$

eine analytische Funktion von z sein muß[2]).

Wir denken uns jetzt in (7) die Umkehrfunktionen von ξ und η gebildet, also a und b als Funktionen von ξ und η ausgedrückt und

$$a = a(\xi, \eta), \qquad b = b(\xi, \eta)$$

in u und v eingesetzt. (Der Ausnahmefall, wo die Bildung der Umkehrfunktion nicht möglich ist, ist trivial.) Wir erhalten so:

$$u(a, b) \equiv u^*(\xi, \eta), \qquad v(a, b) \equiv v^*(\xi, \eta).$$

---

[1] Dieser Schluß läßt sich wie folgt begründen. Setzen wir:
$$2(z_b z - z_a) = \alpha + i\beta, \qquad (x - z)^3 = m + i n,$$
so läßt sich (13) in der Form
$$\frac{1}{m^2 + n^2}(\beta m - \alpha n) = 0$$
schreiben. Da m und n von x abhängen und (13) identisch in x gelten muß, ergibt sich, daß
$$\alpha = 0, \quad \beta = 0, \quad \text{also: } z_b z - z_a = 0$$
sein muß.

[2] Daraus folgt die Analytizität von f. Sie ist eine notwendige Folge der Forderungen I und II.

Damit erhalten wir für (15):

$$w\,dz = (\eta + i\,v^*)\,(d\xi + i\,d\,u^*) = \eta\,d\xi - v^*\,d\,u^* + i\,(v^*\,d\xi - u^*\,d\eta) + d\,(u^*\,\eta),$$

woraus sich als Integrabilitätsbedingungen

$$u_\xi^* + v_\eta^* = 0 \tag{18a}$$

$$\begin{vmatrix} u_\xi^*, & u_\eta^* \\ v_\xi^*, & v_\eta^* \end{vmatrix} = 1 \tag{18b}$$

ergeben. Fassen wir u^*, v^* als ξ- und η-Koordinaten eines Vektorfeldes auf, so stellt (18a) die Bedingung dar, daß das Vektorfeld quellenfrei ist. Dieser Bedingung entsprechen wir durch die Einführung einer Stromfunktion $\psi = \psi(\xi, \eta)$, wobei wir anstelle von (18a) und (18b) nun erhalten:

$$u = \psi_\eta \quad v = -\psi_\xi \tag{19a}$$

$$\psi_{\xi\xi}\,\psi_{\eta\eta} - \psi_{\xi\eta}^2 = 1. \tag{19b}$$

Jeder Geometrie, bei der das Krümmungsmaß konstant ist und die Geraden die Extremalen sind, entspricht eine Lösung der Differentialgleichung (19b).

2. Formulierung der Vermutung über die Kennzeichenbarkeit der elliptischen Geometrie

Um sich den geometrischen Inhalt der Maßbestimmung (6) vergegenwärtigen und ihn bequem aussprechen zu können, ist es zweckmäßig, wie schon erwähnt, den der Geraden g:

$$y = ax + b$$

zugeordneten Punkt mit den Koordinaten

$$x = \xi, \quad y = \eta$$

als Zentralpunkt M von g zu bezeichnen. Dabei denke man sich die Gerade entsprechend der Maßbestimmung (6) von $-\pi/2$ bis $\pi/2$ beziffert, so daß der Zentralpunkt die Marke 0 erhält, wenn $s_0 = 0$ normiert wird, was wir im folgenden stets voraussetzen. Punkte, die in einem kartesischen x, y, ζ-Koordinatensystem in einer senkrecht zu g

Eine Kennzeichnung der zweidimensionalen elliptischen Geometrie 257

stehenden Ebene durch M liegen und von M den Abstand (Scheiteldistanz) $\sqrt{u^2 + v^2}$ haben, werden als Scheitelpunkte bezeichnet. Die Maßbestimmung, die wir zwei Punkten P_1 und P_2 auf g zuordnen, ist dann $R \times \measuredangle P_1 S P_2$, wobei S ein beliebiger Scheitelpunkt ist. Im allgemeinen können, da man jede Gerade g in zweifacher Weise orientieren kann, zwei verschiedene Zentralpunkte und zwei verschiedene Scheiteldistanzen einer Geraden zugeordnet sein.

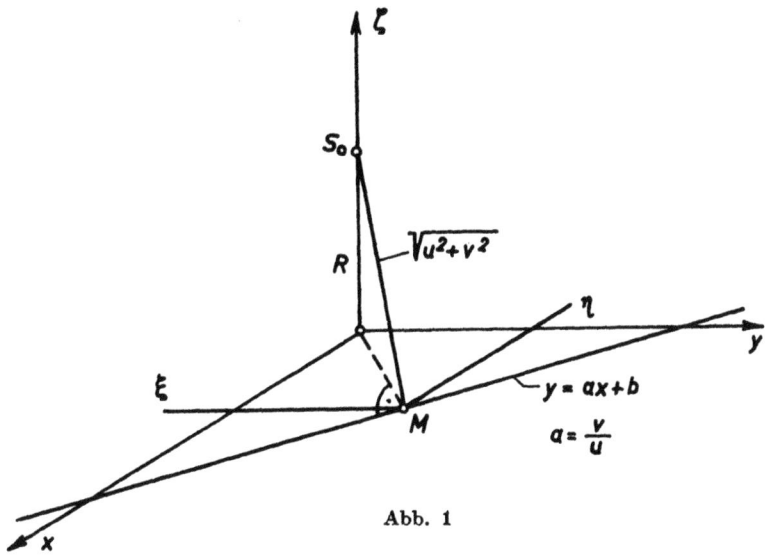

Abb. 1

Lassen wir insbesondere P_1 mit M und P_2 mit dem Punkt $(\xi + u, \eta + v)$ zusammenfallen, so ergibt sich, wegen $SP_1 = P_1 P_2 = \sqrt{u^2 + v^2}$:

$$\measuredangle P_1 S P_2 = \frac{\pi}{4}.$$

Betrachten wir nun im x, y, ζ-System einen festen Punkt S_0 ($x = 0$, $y = 0$, $\zeta = R$). P_1 und P_2 seien zwei beliebige Punkte der x, y-Ebene und der $\measuredangle P_1 S_0 P_2$ sei mit γ bezeichnet. Den Punkten P_1, P_2 sei nun mit S_0 als Scheitelpunkt für alle Geraden die Maßbestimmung (siehe Abb. 1)

$$R \gamma$$

zugeordnet. Dadurch haben wir in der x, y-Ebene die Maßbestimmung der elliptischen Geometrie eingeführt, die sich demnach als jener Spezialfall der vorhin angegebenen Geometrien erweist, bei dem *alle* Geraden der x, y-Ebene einen *gemeinsamen* Scheitelpunkt, nämlich S_0, haben.

In diesem Fall haben wir für (17)
$$w^2 + z^2 + R^2 = 0, \qquad (20)$$
denn es ist, vgl. Abb. 1:
$$u^2 + v^2 = \xi^2 + \eta^2 + R^2 \qquad (21\,\text{a})$$
$$\xi u + \eta v = 0. \qquad (21\,\text{b})$$

Mit $v = au$, $\eta = a\xi + b$, $a = y'$, $b = y - xy'$ erhält man damit aus (21) und (8):

$$f = \frac{\sqrt{R^2(1 + y'^2) + (y - xy')^2}}{x^2 + y^2 + R^2}$$

bzw.:

$$F = \frac{\sqrt{R^2(\dot x^2 + \dot y^2) + (y\dot x - x\dot y)}}{x^2 + y^2 + R^2}.$$

Die zugehörige Funktion $\psi = \psi(\xi, \eta)$ ist gegeben durch

$$\psi = \int_{\lambda=0}^{\lambda=\sqrt{\xi^2+\eta^2}} \sqrt{1+\lambda^2}\, d\lambda = \tfrac{1}{2}\left[(\lambda\sqrt{1+\lambda^2}) + \lg(\lambda + \sqrt{1+\lambda^2})\right]_{\lambda=0}^{\lambda=\sqrt{\xi^2+\eta^2}}$$

Versucht man weitere Beispiele zu rechnen, indem man sich einfach gewählte analytische Funktionen

$$w = w(z)$$

vorgibt und konstruiert man die zugehörige Funktion $\psi = \psi(\xi, \eta)$, durch die unsere Geometrie gekennzeichnet ist, so bemerkt man sehr bald, daß man dann i. a. nicht jeder Geraden der x, y-Ebene Zentralpunkte zuordnen kann, da für diese Grenzen bzw. Bereiche auftreten, in denen $\sqrt{u^2 + v^2}$ gleich Null wird bzw. keine reellen Werte hat. Daher lag die Vermutung nahe, daß die elliptische Geometrie dadurch gekennzeichnet werden kann, daß man den Forderungen I und II noch die beiden folgenden anfügt:

III. **Jeder reellen Geraden der x, y-Ebene soll ein Zentralpunkt und eine Scheiteldistanz zugeordnet werden können, deren Größe für jeden Zentralpunkt der in einem** endlichen Bereich der x, y-Ebene liegt, durch zwei positive Konstante nach oben und unten beschränkt ist.

IV. Die Maßbestimmung für P_1P_2 sei dieselbe wie für P_2P_1.

Das Zutreffen dieser Vermutung wird im folgenden bestätigt werden.

Es sei noch bemerkt, daß damit auch die Vermutung nahegelegt wird, daß die Funktion (22) — bis auf durch affine Transformationen aus ihr hervorgehende Funktionen — die einzigen Lösungen von (19b) sind, die mit Ausnahme eines singulären Punktes in der ganzen ξ, η-Ebene regulär sind. Diese von mir geäußerte Vermutung wurde von Herrn K. Jörgens [3] im Rahmen einer weitergehenden Untersuchung über harmonische Abbildungen bewiesen. Durch die folgenden Betrachtungen ergibt sich auch ein neuer Beweis für diesen Satz. Daß das von Jörgens behandelte Problem mit dem soeben gestellten Problem auf das engste zusammenhängt erkennt man sofort daraus, daß es bei den der Forderung III genügenden Geometrien nur einen universellen Zentralpunkt geben kann. Wären nämlich zwei verschiedene Zentralpunkte vorhanden, so wäre für die durch diese beiden Punkte hindurchgehende orientierte Gerade zwei Zentralpunkte vorhanden, was aber ausgeschlossen sein soll.

3. Folgerungen aus der Forderung III für die Eigenschaften der Funktion $\psi = \psi(\xi, \eta)$

Die Gleichung der zweiparametrigen Extremalenschar (2) kann man mit Rücksicht darauf, daß jede Gerade g im Zentralpunkt $x = \xi$, $y = \eta$ Tangente an eine Kurve aus der Schar $\psi(\xi, \eta) = $ const ist, in der Form:

$$(x - \xi)\psi_\xi + (y - \eta)\psi_\eta = 0 \qquad (23)$$

schreiben.

Für jede Geometrie, die neben I und II auch III genügt, muß die zugehörige Funktion ψ zweiwertig sein, d. h.:

$$\psi = \psi^+ \text{ und } \psi = \psi^-$$

— wobei ψ^+ und ψ^- eindeutige Funktionen von ξ und η sind, die in jedem Teilgebiet der ξ, η-Ebene reguläre Punkte haben, wo sie der

Differentialgleichung (19b) genügen, wobei $\psi_{\xi\xi}{}^+ > 0$, $\psi_{\xi\xi}{}^- < 0$ gelten möge [entsprechend dem Umstand, daß, wie aus (19 6 b) ersichtlich ist, innerhalb eines Regularitätsgebiets kein Vorzeichenwechsel von $\psi^+{}_{\xi\xi}$ bzw. $\psi^-{}_{\xi\xi}$ erfolgen kann] — weil jede Gerade g in zweifacher Weise orientiert werden kann. Die Orientierung ist dabei durch den Richtungssinn des Vektors mit den Koordinaten

$$u = \psi_\eta, \quad v = -\psi_\xi$$

gegeben.

Nach Forderung III muß jede orientierte Gerade einen Zentralpunkt $x = \xi$, $y = \eta$ haben, und es muß nach III

$$\psi_\xi^2 + \psi_\eta^2 \geq \mu > 0 \tag{24}$$

sein. Wenn ψ_ξ bzw. ψ_η in einem Punkt unstetig ist, so ist die Zentraldistanz dadurch definiert, daß sie sich bei Parallelverschiebung einer Geraden stetig ändert.

Das Koordinatensystem ξ, η, ψ setzen wir im folgenden als ein kartesisches Rechtskoordinatensystem voraus und verwenden die Ausdrücke „oben" und „unten" entsprechend der Orientierung der ψ-Achse.

Aus (19b) folgt, daß die Flächen $\psi = \psi^+$ bzw. $\psi = \psi^-$ positives Gaußsches Krümmungsmaß haben, also *beständig konvexe Flächen* sind. Zusammen mit der Eindeutigkeit von $\psi = \psi^+$ und $\psi = \psi^-$ ergibt sich daraus, daß die Kurven

$$\psi(\xi, \eta) = \text{const}$$

geschlossene konvexe Kurven sein müssen.

Für die Flächen $\psi = \psi^+(\xi, \eta)$ bzw. $\psi = \psi^-(\xi, \eta)$ sind die Schnittkurven mit Ebenen parallel zur ψ-Achse beständig nach oben bzw. nach unten gekrümmt. Innerhalb einer beliebigen geschlossenen Kurve $\psi(\xi, \eta) = \text{const}$ muß es daher nach dem verallgemeinerten Satz von Bolzano-Weierstraß ein Minimum bezw. ein Maximum der Funktion $\psi = \psi^+(\xi, \eta)$ bzw. $\psi = \psi^-(\xi, \eta)$ geben, und zwar wegen der Konvexität gibt es sicher nur einen einzigen Extremwert. In dem Punkt, in dem $\psi = \psi^+(\xi, \eta)$ bzw. $\psi = \psi^-(\xi, \eta)$ diesen Extremwert annimmt, ist die Funktion wegen (24) sicher nicht stetig differenzierbar. Aus der am Schluß von Abschnitt 2 gemachten Bemerkung, daß es bei der gestell-

Eine Kennzeichnung der zweidimensionalen elliptischen Geometrie 261

ten Aufgabe nur einen universellen Zentralpunkt geben kann, und da der universelle Zentralpunkt nicht in einem Regularitätspunkt von $\psi(\xi, \eta)$ liegen kann, folgt, daß der Punkt, in dem das Minimum von ψ^+ erreicht wird, identisch ist mit dem Punkt, in dem ψ^- sein Maximum erreicht. Wir wollen ihn zum Ursprung des ξ, η, ψ-Koordinatensystems wählen und setzen fest

$$\psi^+(0,0) = \psi^-(0,0) = 0. \tag{25}$$

Somit definieren wir:

$$\psi = \int_{0,0}^{\xi,\eta} u\, d\eta - v\, d\xi. \tag{26}$$

Aus der Forderung, daß die Zentraldistanz sich bei Parallelverschiebung nur stetig ändern darf, geht hervor, daß die die Fläche $\psi = \psi(\xi, \eta)$ im Koordinatenursprung einhüllenden Ebenen einen Kegel bilden, wobei die Neigungen der einzelnen Tangentialebenen der Ungleichung (24) entsprechen[3].

Wir fragen nun: Wie ergibt sich für eine unserem Problem angepaßte Funktion $\psi = \psi(\xi, \eta)$ für *sämtliche* Geraden der Schar (2) Zentralpunkt, Zentraldistanz und Orientierungssinn?

Die Geraden seien in der Hesseschen Normalform:

$$-x \sin \vartheta + y \cos \vartheta - p = 0, \tag{27}$$

wobei

$$\frac{u}{|\sqrt{u^2 + v^2}|} = \cos \vartheta, \quad \frac{v}{|\sqrt{u^2 + v^2}|} = \sin \vartheta, \quad \frac{-\xi v + \eta u}{|\sqrt{u^2 + v^2}|} = p \tag{28}$$

ist, vorgelegt. Für die letzte Gleichung (28) kann man auch schreiben

$$p = \frac{\xi \psi_\xi + \eta \psi_\eta}{|\sqrt{\psi_\xi^2 + \psi_\eta^2}|}. \tag{29}$$

Führt man Polarkoordinaten:

$$\xi = r \cos \varphi, \quad \eta = r \sin \varphi$$

ein, so erhält man für (29)

---

[3] Es läßt sich zeigen, daß die Schnittkurve des ψ-Kegels mit den Ebenen $\psi = +1$ bzw. $\psi = -1$ identisch mit der **Figuratrix** des zugehörigen Variationsproblems für $x = y = 0$ ist.

$$p = \frac{r\dfrac{d\psi}{dr}}{|\operatorname{grad}\psi|}. \tag{30}$$

Daraus sieht man, daß p und ψ_r gleiches Vorzeichen haben. Daraus ergibt sich die Regel für die Orientierung der Extremalen.

Aus

$$\psi_{rr} = \psi_{\xi\xi}\cos^2\varphi + 2\psi_{\xi\eta}\cos\varphi\sin\varphi + \psi_{\eta\eta}\sin^2\varphi$$

folgt mit (196b) und der Voraussetzung $\psi^+_{\xi\xi} > 0$, $\psi^-_{\xi\xi} < 0$:

$$\psi^+_{rr} > 0, \qquad \psi^-_{rr} < 0.$$

Für die Bestimmung der Werte ξ, η, die zu einem Wertepaar p und ϑ gehören, hat man die Gleichungen:

$$\psi_\xi \cos\vartheta - \psi_\eta \sin\vartheta = 0 \tag{31}$$

$$\eta \cos\vartheta - \xi \sin\vartheta = p. \tag{32}$$

(31) bringt zum Ausdruck, daß im ξ, η, ψ-Raum die Schnittkurve der Fläche $\psi = \psi(\xi, \eta)$ mit der Ebene, die durch die durch p und ϑ bestimmte Gerade hindurchgeht und die parallel zur ψ-Achse ist, im Zentralpunkt der Geraden ihren Extremwert hat.

Für ψ^+ gilt außerhalb $(0, 0)$:

$$\psi^+ > 0, \quad \psi_r^+ > 0, \quad \psi_{rr}^+ > 0.$$

Für ψ^- gilt außerhalb $(0, 0)$:

$$\psi^- < 0, \quad \psi_r^- < 0, \quad \psi_{rr}^- < 0.$$

Im universellen Zentralpunkt $\xi = \eta = 0$ müssen die zugehörigen Größen u und v durch:

$$u = u(\vartheta) = \lim_{p \to 0} \left.\frac{\partial \psi}{\partial \eta}\right|_{\vartheta = \text{const}}, \quad v = v(\vartheta) = -\lim_{p \to 0} \left.\frac{\partial \psi}{\partial \xi}\right|_{\vartheta = \text{const}} \tag{33}$$

definiert werden.

Wir bemerken nebenbei noch, daß die Auflösbarkeit von (31) und (32) in einer Umgebung von (ξ, η) sicher dann analytisch gewährleistet ist, wenn die Funktionaldeterminante:

$$\begin{vmatrix} \psi_{\xi\xi}\cos\vartheta - \psi_{\xi\eta}\sin\vartheta, & \psi_{\xi\eta}\cos\vartheta - \psi_{\eta\eta}\sin\vartheta \\ -\sin\vartheta, & \cos\vartheta \end{vmatrix} \quad (34)$$

endlich und verschieden von Null ist. Für diese Determinante kann man auch schreiben:

$$\frac{\psi_{\xi\xi}\psi_\eta{}^2 - 2\psi_{\xi\eta}\psi_\xi\psi_\eta + \psi_{\eta\eta}\psi_\xi{}^2}{\psi_\xi{}^2 + \psi_\eta{}^2} = \frac{1}{\rho}(\psi_\xi{}^2 + \psi_\eta{}^2)^{\frac{1}{2}},$$

wobei ρ der Krümmungsradius den Kurven $\psi(\xi,\eta) = \text{const}$ ist. Aus (34) läßt sich auf den analytischen Charakter von

$$\xi = \xi(\vartheta, p), \quad \eta = \eta(\vartheta, p)$$

mit Ausnahme von $\rho = 0$ schließen.

Zusammenfassend stellen wir fest:

Aus Forderung III ergibt sich, daß die Funktion $\psi = \psi(\xi,\eta)$ aus zwei eindeutigen, bei zweckmäßiger Wahl des Koordinatensystems außerhalb des Ursprungs ständig positiven bzw. negativen Teilen bestehen muß, die demnach ihr Minimum bzw. Maximum im Koordinatenursprung erreichen und die dort eine kegelförmige Singularität besitzen. Außerhalb dieses singulären Punktes genügen sie überall der Differentialgleichung (19b).

4. Fixpunkteigenschaft der Abbildung $w = w(z)$

Wir werden nun zeigen, daß durch die analytische Beziehung zwischen z und w eine konforme Abbildung bestimmt wird, bei der die für $\xi = 0$, $u_1 \leqslant u \leqslant u_2$ aufgeschlitzte z-Ebene ($u_1 < u_2$) in die für $\eta = 0$, $v_1 \leqslant v \leqslant v_2$ aufgeschlitzte w-Ebene ($v_1 < v_2$) übergeht, wobei mit den Bezeichnungen

$$\frac{1}{z} = z^*, \quad \frac{1}{w} = w^*$$

$$z^* = w^* = 0$$

ein Fixpunkt dieser Abbildung ist.

Um diese Fixpunktseigenschaft zu beweisen, benützen wir folgenden Satz von H. Lewy [4]:

Genügt eine Funktion $\psi = \psi(\xi, \eta)$, wobei durchwegs $\psi_{\xi\xi} > 0$ ist, der Differentialgleichung

$$\psi_{\xi\xi}\psi_{\eta\eta} - \psi_{\xi\eta}{}^2 = h(\xi, \eta) > 0,$$

so wird bei der Abbildung der ξ, η-Ebene auf die σ_1, σ_2-Ebene, die durch

$$\sigma_1 = \xi + \psi_\xi, \qquad \sigma_2 = \eta + \psi_\eta \qquad (35)$$

vermittelt wird, in dem Gebiet der ξ, η-Ebene, in dem die Funktion ψ regulär ist, der euklidische Abstand zweier Punkt $\overline{P}, \overline{\overline{P}}$ stets vergrößert, d. h.:

$$\sqrt{(\overline{\xi} - \overline{\overline{\xi}})^2 + (\overline{\eta} - \overline{\overline{\eta}})^2} < \sqrt{(\overline{\sigma_1} - \overline{\overline{\sigma_1}})^2 + (\overline{\sigma_2} - \overline{\overline{\sigma_2}})^2}.$$

Wir verwenden den Satz von Lewy für $h \equiv 1$ und

$$\sigma = \sigma_1 + i\,\sigma_2 = z + i\,w = \xi + \psi_\xi + i(\eta + \psi_\eta).$$

Auf diesen Fall angewendet, transformiert die Abbildung (35) die im Nullpunkt punktierte ξ, η-Ebene auf das Äußere eines von einer Jordankurve Γ umschlossenen Gebietes G der σ_1, σ_2-Ebene, wobei G in seinem Innern den Nullpunkt der σ_1, σ_2-Ebene enthält. Dies erkennt man, indem man zunächst die Abbildungen untersucht, die das Äußere eines kleinen Kreises in der ξ, η-Ebene mit dem Halbmesser ϱ auf die σ_1, σ_2-Ebene abbildet und $\varrho \to 0$ konvergieren läßt. Für Γ ergibt sich in Polarkoordinaten:

$$r = \sqrt{u^2(\vartheta) + v^2(\vartheta)}\ .$$

Somit ist Γ identisch mit der Indikatrix unseres Variationsproblems im universellen Zentralpunkt $x = 0$, $y = 0$ gemäß (9).

Bei der Abbildung $\sigma \to z$ bzw. $\sigma \to w$ wird das Äußere von Γ auf das Äußere eines Schlitzes der längs der imaginären Achse zwischen $u_1 \leqslant u \leqslant u_2$ aufgeschlitzten z-Ebene bzw. auf das Äußere eines Schlitzes der längs der imaginären Achse zwischen $v_1 \leqslant v \leqslant v_2$ aufgeschlitzten w-Ebene abgebildet, wobei u_1 bzw. u_2 der kleinste bzw. der größte Wert von $u = u(\vartheta)$ und ebenso v_1 bzw. v_2 der kleinste bzw. größte Wert von $v = v(\vartheta)$ ist.

Dabei ist:

$$u_1 < 0, \quad u_2 > 0; \quad v_1 < 0, \quad v_2 > 0,$$

weil der Koordinatenursprung der σ-Ebene in G liegt.

Eine Kennzeichnung der zweidimensionalen elliptischen Geometrie

Wir wollen nun zeigen, daß bei der konformen Abbildung $\sigma \to z$ mit der Bezeichnung

$$\frac{1}{\sigma} = \sigma^*$$

der Punkt

$$\sigma^* = z^* = 0$$

ein Fixpunkt ist, in welchem sich die Abbildung regulär verhält. Um dies zu beweisen, stützen wir uns auf den Satz von Riemann über hebbare Unstetigkeit. Dabei haben wir zu zeigen, daß z^* in der Umgebung von $\sigma^* = 0$ beschränkt ist. Das sieht man folgendermaßen ein:

Wir legen der Betrachtung jenen Zweig der gesuchten analytischen Funktion $z = z(\sigma)$ zugrunde, der der Fläche $\psi = \psi^+(\xi, \eta)$ entspricht.

Für $\eta > 0$ gilt: $\psi_\eta^+(0, \eta) > 0$.

Für $\eta < 0$ gilt: $\psi_\eta^+(0, \eta) < 0$.

Demnach läßt sich für jedes feste $k > 0$ wegen der Stetigkeit von $\psi_\eta^+(\xi, k)$ bzw. $\psi_\eta^+(\xi, -k)$ eine Größe h angeben, so daß für $-h \leq \xi \leq +h$:

$$\begin{aligned}|\psi_\eta^+(\xi, k)| > m \\ |\psi_\eta^+(\xi, -k)| > m\end{aligned} \quad m > 0,$$

gilt. Da in allen Punkten der ξ, η-Ebene mit Ausnahme von $\xi = \eta = 0$

$$\psi_{\eta\eta}^+ > 0$$

ist, folgt, daß für die Streifen

$$-h \leq \xi \leq +h, \quad \eta > k \quad \text{bzw.} \quad -h \leq \xi \leq +h, \quad \eta < -k$$

$$|\psi_\eta^+(\xi, \eta)| > m.$$

Also ist für das ganze Gebiet außerhalb des Rechteckes mit den Eckpunkten

$$\xi = \pm h, \quad \eta = \pm k$$

bzw. des entsprechenden Gebiets in der σ_1, σ_2-Ebene

$$|z| = \sqrt{\xi^2 + \psi_\eta^2} > \text{Min}(m, h).$$

Also ist dort
$$|z^*| < \frac{1}{\text{Min}(m, h)}.$$

Da z für alle endlichen σ_1, σ_2 im Äußeren von Γ in der σ-Ebene erklärt ist und, wie wir jetzt gezeigt haben, z^* in der Umgebung von $\sigma^* = 0$ beschränkt ist, folgt aus dem Riemannschen Satz über hebbare Unstetigkeit, daß $z^* = 0$ dem $\sigma^* = 0$ entspricht und dies ein regulärer Fixpunkt ist.

Ebenso ist aber bei der Abbildung $\sigma^* \to w^*$ der Punkt $\sigma^* = w^* = 0$ ein regulärer Fixpunkt.

5. Konstruktion der den Forderungen III und IV genügenden Funktion $w = w(z)$.

Wir können nun
$$w = w(z)$$
dadurch ermitteln, daß die längs der imaginären Achse zwischen $i\,u_1$ und $i\,u_2$ aufgeschlitzte z-Ebene in die längs der imaginären Achse zwischen $i\,v_1$ und $i\,v_2$ aufgeschlitzte w-Ebene so abgebildet wird, daß der unendlich ferne Punkt in sich übergeht. Die gesuchte Abbildung ist somit auf ∞^1 Arten ausführbar. Um die konforme Abbildung durchzuführen, bilden wir sowohl das Äußere des Spaltes der z-Ebene auf das Äußere des Einheitskreises in der Hilfsebene $t = t_1 + i\,t_2$ ab und ebenso das Äußere des Spaltes in der w-Ebene. Die beiden Bilder können dann durch eine Drehung in sich übergeführt werden.

Zur Vereinfachung setzen wir nun:
$$Z = \frac{z - \frac{1}{2}i(u_1 + u_2)}{\frac{1}{2}(u_2 - u_1)} = Az - id_1$$

$$W = \frac{w - \frac{1}{2}i(v_1 + v_2)}{\frac{1}{2}(v_2 - v_1)} = Bz - id_2$$

Eine Kennzeichnung der zweidimensionalen elliptischen Geometrie 267

Mit:
$$A = \frac{1}{2(u_2 - u_1)}, \quad d_1 = \frac{u_1 + u_2}{u_2 - u_1}$$
$$B = \frac{1}{2(v_2 - v_1)}, \quad d_2 = \frac{v_1 + v_2}{v_2 - v_1}$$

Dadurch erreichen wir, daß die Spalte in der z- bzw. w-Ebene auf der imaginären Achse zwischen $+i$ und $-i$ verlaufen. Für die konforme Abbildung von der t auf die Z- bzw. W-Ebene ergibt sich damit:

$$Z = \frac{i}{2}\left(t + \frac{1}{t}\right)$$
$$W = \frac{i}{2}\left(t e^{i\Theta} + \frac{1}{t} e^{-i\Theta}\right)$$

wobei Θ der freie Parameter der Abbildung ist. Die Elimination von t aus diesen beiden in t quadratischen Gleichung ergibt:

$$Z^2 - 2\cos\Theta\, Z\, W + W^2 + \sin^2\Theta = 0. \tag{36}$$

Wenn man in dieser Gleichung $\xi = \eta = 0$ setzt, so ergibt sie einen Zusammenhang von u und v für $\xi = \eta = 0$, also die Indikatrix unseres Variationsproblems in $\xi = \eta = y = x = 0$:

$$A u^2 + 2 A B \cos\Theta\, u\, v + B v^2 + 2 d_1 u + 2 d_2 v + \sin^2\Theta = 0. \tag{37}$$

Weil der Koordinatenursprung der σ-Ebene in G liegt, ist, wie schon früher bemerkt:
$$u_1 u_2 < 0, \quad v_1 v_2 < 0$$
und somit ergibt sich
$$1 - \frac{d_1^2}{A^2} > 0, \qquad 1 - \frac{d_2^2}{B^2} > 0.$$

Wenn nun Axiom IV gelten soll, muß die Indikatrix auch im Nullpunkt einer Mittelpunktskurve sein. Daher müssen die linearen Glieder verschwinden, also
$$d_1 = d_2 = 0 \tag{38}$$
sein. Es sind also die Schlitze in der z- und w-Ebene symmetrisch zu den reellen Achsen.

Wenn (38) erfüllt ist, läßt sich (36) aber stets durch eine homogene affine Transformation in

$$z^2 + w^2 + R^2 = 0$$

überführen.

Somit haben wir jetzt bewiesen, daß die Axiome I bis IV zur *eindeutigen* Kennzeichnung der elliptischen Geometrie im Rahmen der Finslerschen Geometrie in der Ebene ausreichen.

6. Ergänzende Bemerkungen

Die Anregung zu dem vorliegenden Beweis zur Kennzeichnung der zweidimensionalen elliptischen Geometrie bzw. des bereits von K. Jörgens mit anderen Mitteln bewiesenen Satzes erhielt ich vor allem durch Arbeiten von J. C. C. Nitsche, insbesondere durch seine Arbeit zum Beweis des in der Literatur viel behandelten Theorems von S. Bernstein über Minimalflächen [5], wonach die einzige, überall reguläre Lösung der Differentialgleichung der Minimalfläche, die in der Form $z = z(x, y)$ darstellbar ist, eine lineare Funktion von x und y ist [6]. Im wesentlichen ist dieses Theorem identisch mit dem folgenden Satz von T. Radó [7]: Wenn $\psi = \psi(\xi, \eta)$ eine zweifach differenzierbare Funktion ist, die der Differentialgleichung (19b) für alle Werte von ξ, η genügt, so ist $\psi(\xi, \eta)$ ein quadratisches Polynom. T. Radó hat diesen Satz zum Beweis des Bernsteinschen Theorems verwendet.

Eine Verschärfung dieses Satzes stammt von K. Jörgens [8]. Er hat eine obere Grenze für einen das Regularitätsgebiet der Lösung von (19b) enthaltenden Kreis für den Fall angegeben, daß im Mittelpunkt des Kreises die dritten Ableitungen der Lösung nicht verschwinden.

Für eine statische Deutung des Zusammenhangs zwischen der Differentialgleichung (19b) mit der Theorie der Minimalflächen vgl. [9].

Der Lösung (22) von (19b) entspricht unter den Minimalflächen die Schraubfläche.

Allgemeine Probleme der Kennzeichnung von Minimalflächen durch Eigenschaften vorhandener Singularitäten wurden insbesondere von L. Bers [10] und R. Finn [11] behandelt. Letzterer verweist überdies auch auf weitere umfangreiche Literatur.

7. Literatur

[1] Funk, P.: Über zweidimensionale Finslersche Räume, insbesondere über solche mit geradlinigen Extremalen und positiver konstanter Krümmung. Math. Z. 40, S. 586—593 (1935).

[2] Funk, P.: Variationsrechnung und ihre Anwendung in Physik und Technik. Springer Berlin 1952, S. 567.

[3] Jörgens, K: Harmonische Abbildungen und die Differentialgleichung $rt - s^2 = 1$. Math. Ann. 129, S. 330—344 (1955).

[4] Lewy, H. A priori limitations for solutions of Monge - Ampère equations II. Trans. Americ. Math. Soc. 41, S. 365—374 (1937).

[5] Nitsche, J. C. C.: Elementary proof of Bernsteins Theorem on Minimal Surfaces. Ann. of Math. 66, S. 543—544 (1957).

[6] Bernstein, S.: Über ein geometrisches Theorem und seine Anwendungen auf die partiellen Differentialgleichungen vom elliptischen Typus. Math. Z. 26, S. 551—558 (1927).

[7] Radó, T.: Zu einem Satze von Bernstein über Minimalflächen im großen. Math. Z. 26, S. 559—565 (1927).

[8] Jörgens, K.: Über die Lösungen der Differentialgleichung $rt - s^2 = 1$. Math. Ann. 127 (1954), S. 130—134.

[9] Funk, P.: Variationsrechnung und ihre Anwendung in Physik und Technik. Springer, Berlin 1962, S. 26—27.

[10] Bers, L.: Isolated singularities of minimal surfaces. Ann. of Math. 53, S. 364 bis 386 (1951).

[11] Finn, R.: Isolated singularities of solutions of non-linear partial differential equations. Trans. Americ. Math. Soc. 75, S. 385—404 (1953).

GPSR Compliance
The European Union's (EU) General Product Safety Regulation (GPSR) is a set of rules that requires consumer products to be safe and our obligations to ensure this.

If you have any concerns about our products, you can contact us on

ProductSafety@springernature.com

In case Publisher is established outside the EU, the EU authorized representative is:

Springer Nature Customer Service Center GmbH
Europaplatz 3
69115 Heidelberg, Germany

www.ingramcontent.com/pod-product-compliance
Ingram Content Group UK Ltd.
Pitfield, Milton Keynes, MK11 3LW, UK
UKHW022234230426

12048UKWH00017BA/1246